Prix : 50 centimes.

SOUS PRESSE

CONVERSATIONS ÉLECTORALES

POUR PARAÎTRE EN 1869

ESSAI

SUR

LA RÉVOLUTION DE 1848

Meaux. — Imp. J. Carro.

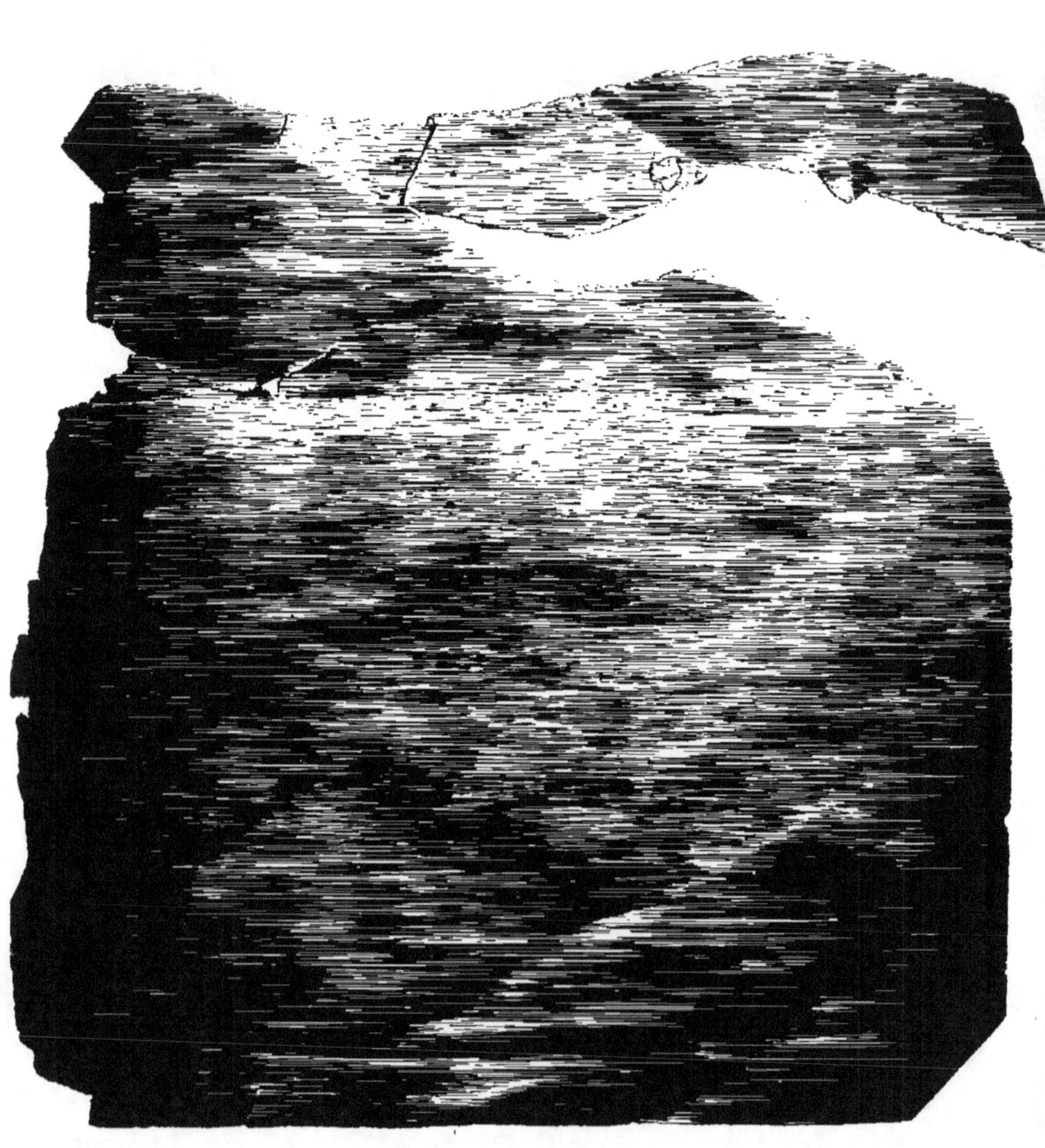

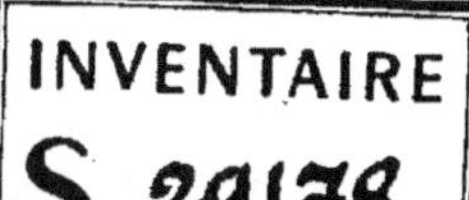

PAUL de JOUVENCEL

AGRICULTURE

SUÉDOISE

MESSIEURS, [1]

Vous savez que la Suède est un grand pays situé au nord de l'Europe. La capitale, Stockholm, est à peu près aussi septentrionale que Saint-Pétersbourg, capitale de la Russie. Toutes deux sont situées au-delà du 59e degré de latitude nord.

La Suède s'étend beaucoup plus en longueur qu'en largeur. Elle compte 1,550 kilomètres du nord au sud, c'est-à-dire 387 lieues de poste, tandis qu'elle ne compte que 330 kilomètres de moyenne largeur, c'est-à-dire 82 lieues de l'est à l'ouest.

Ainsi, ce territoire est beaucoup plus allongé que celui de la France, qui ne compte dans sa plus grande longueur, c'est-à-dire du N.-O. au S.-E., entre la côte de Brest et Antibes, que 1,064 kilomètres ou 266 lieues de poste. Cepen-

(1) Cette notice a été lue à la Société d'Agriculture.

5  29178

dant, la France étant beaucoup plus large que la Suède, notre territoire est, au total, plus étendu que celui du peuple scandinave.

L'allongement de ce pays dans la direction nord-sud influe beaucoup sur son agriculture. On sait que, même en France, les cultures sont fort différentes dans cette direction. Sur notre ligne nord-sud, d'environ 250 lieues, on compte, au sud, la région des oliviers ; au centre, la région de la vigne ; au nord, la région des pommiers.

Vous pouvez juger facilement qu'entre la Scanie, c'est-à-dire la province située le plus au sud de la Suède, et le Finmark qui touche à l'océan Boréal, les différences sont non moins remarquables.

Nous ne pourrons vous entretenir aujourd'hui de ce beau point de vue ; nous parlerons seulement de l'une des contrées les plus riches et les mieux cultivées de la Suède.

Il est nécessaire de vous faire remarquer qu'à cette latitude, même dans les provinces les mieux situées, le climat en hiver est très-rigoureux.

L'été chaud et variable n'est pas, comme chez nous, précédé et suivi de longues saisons intermédiaires.

Le calendrier indique un printemps de trois mois qui est une saison très-réelle pour notre climat. Mais en Suède, j'ai vu à Stockholm, à la fin d'avril 1867, douze et quinze degrés de froid au milieu du jour, et cela n'est point très-rare.

Alors, souvent, la neige couvre encore partout la terre. L'année dernière elle n'a fondu qu'au milieu de mai. Le printemps devient plus court à mesure que l'on s'avance davantage dans le nord, et ses progrès journaliers sont d'autant plus rapides qu'il est plus court. Dans les provinces les plus septentrionales de la Suède, où la neige ne fond que vers le commencement de juin, la température s'adoucit aussitôt, et peu de jours après la verdure, les feuilles des arbres, éclatent en quelque sorte de toutes parts.

Quant à l'automne, sa venue est beaucoup plus subite que dans notre climat.

L'été de cette année 1868 avait été brûlant; plus chaud même qu'à Paris, puisque, dans l'Ostrogothland, on a vu 40 degrés à l'ombre le 24 juin. Depuis le milieu d'avril, il n'était pas tombé un millimètre d'eau, tout était desséché.

Le 22 août, la chaleur était encore très-grande. Cependant, vers le soir, des nuages bruns apparurent dans un ciel rouge. La pluie commença à tomber pendant la nuit, et le lendemain tout était changé. Le ciel gris, le vent triste, l'humidité, le thermomètre à sept ou huit degrés, tous les attributs de la fin de l'automne, tel que nous les connaissons, s'étaient étendus sur le pays en une seule nuit : Voici l'automne me dirent en effet les Suédois.

— N'aurez-vous plus de beaux jours? demandai-je.

— Non, bien peu.

Presque toujours, l'automne suédois est très-humide; la nuit il gèle, le jour il pleut.

En novembre ou décembre, la neige succède à la pluie. Toute la Suède en est couverte pour une période qui varie de quatre à cinq mois. Le thermomètre descend habituellement à la fin de janvier et en février au-dessous de 20 degrés de froid, et je l'ai vu même à 30 degrés à Jongkœping, dans une des provinces les plus méridionales de la Suède.

Les cultivateurs de ces contrées ont donc un hiver de huit mois, et ils ne peuvent travailler la terre que pendant quatre mois.

Après avoir rappelé ces conditions climatériques spéciales, et d'une si grande sévérité, j'aborde ce que j'ai à vous dire sur l'agriculture elle-même.

L'Ostrogothland est une des provinces méridionales de la Suède. Elle se trouve entre le lac Weter et la mer Baltique.

Son sol est excellent. La terre végétale repose presque partout sur cet ancien limon qui paraît être d'origine diluvienne, que les allemands appellent *Lœhm* et que l'on retrouve dans une grande partie de la Germanie; c'est la terre à blé par excellence.

On ne saurait beaucoup parler du jardinage qui est très-peu avancé.

Une seule méthode nous a paru digne d'être notée.

Dans toutes les maisons des grands cultivateurs, on est obligé de faire des couches, non pour avoir ce que nous appelons des *primeurs,* mais pour se procurer des légumes qui, dans une belle saison si courte, n'arriveraient pas à maturité si l'on attendait les chaleurs pour les semer. Il faut d'ailleurs, dans ce pays, employer les couches pour se procurer certains plants de grande culture tels que les choux.

Voici donc comme ils s'y prennent :

Une première caisse de trois mètres de largeur, sur une longueur de six à dix mètres, est formée de poutres équarries, superposées et assemblées les unes au-dessus des autres. Cette caisse s'élève d'un mètre environ au-dessus du sol.

Au milieu de cette caisse, on place la bâche en planches, qui n'a généralement qu'un mètre de largeur. Dans la bâche on fait la couche, et dans l'espace d'environ quatre-vingt centimètres, qui se trouve de tous les côtés, entre la bâche en planches et la caisse de charpente, on place le réchaud. La bâche est couverte de son châssis vitré, et toute la grande caisse est recouverte de paillassons épais pendant les nuits, et pendant les jours les plus mauvais.

Vous comprenez que ce procédé permet de vaincre la rigueur du froid ; car, lorsque la bâche et le vaste réchaud sont échauffés, cette masse est préservée du refroidissement par l'épaisseur de la charpente qui l'environne.

Vous savez, en effet, que le bois est très-peu conducteur du calorique, et c'est aussi pourquoi les habitants du Nord construisent en bois leurs granges, leurs étables, et la plupart de leurs maisons, du moins pour ceux qui ne sont pas en état de subvenir aux dépenses d'un chauffage perfectionné, toujours dispendieux.

L'emploi du bois, comme matière principale dans l'architecture rurale du Nord, ne représente pas là des dépenses comparables à celles que de telles méthodes nous occasionneraient. Le bois est très-bon marché en Suède, si bon marché que l'on s'en sert partout, et sans ménagement, pour enclore les champs.

En général, c'est au commencement d'avril que les cultivateurs de l'Ostrogothland peuvent reprendre leurs travaux. La neige, qui couvrait terre à la fin de mars, fond enfin sous l'action du soleil et des pluies tièdes.

Leurs champs sont coupés de fossés très-profonds ; ils labourent en planches, mais leurs planches sont plus larges que les nôtres ; elles sont, comme les nôtres, bombées au milieu, et les fossés qui les séparent ont quatre-vingts centimètres à un mètre de profondeur. Ces fosses se rendent dans des fosses plus profonds, jusqu'à l'issue naturelle ou artificielle des collecteurs. Vous comprenez que dans de telles conditions l'écoulement des eaux se fait avec une grande rapidité.

D'ordinaire, l'avoine est semée, en Ostrogothland, dans les derniers jours d'avril, mais on peut le faire plus tard.

Cette année, chez M. Swartz, l'un des plus savants agronomes suédois, l'orge a été semée le 15 juin, et elle est parvenue à maturité parfaite au milieu d'août. Cette céréale, dans ce pays, reste en terre à peu près neuf semaines.

Pour comprendre une telle rapidité de végétation, tout à fait inouïe en France, il est nécessaire de rappeler quelques faits principaux.

Vous savez qu'il résulte des recherches scientifiques modernes que toute plante, pour parcourir les diverses phases de sa végétation, a besoin d'une certaine quantité, à peu près fixe, de chaleur et de lumière. N'importe comment la distribution lui en sera faite, elle n'atteindra sa maturité qu'en parvenant au total voulu; mais elle atteindra sa maturité dès qu'elle aura reçu ce total, pourvu toutefois que l'intensité de la chaleur et de la lumière ne dépasse pas les limites qui lui sont propres.

Supposons, par exemple, qu'une plante ait besoin de quinze cents unités de chaleur et de douze

cents heures de lumière. Il faudra que le climat
ou l'art lui procure ces quantités de chaleur et de
lumière, et elle n'aura accompli sa végétation
qu'après qu'elle aura eu son compte. Si pendant
un laps de temps court on lui offre chaque jour
beaucoup de chaleur et de lumière, elle végétera
et mûrira beaucoup plus vite que si elle ne reçoit
chaque jour la chaleur et la lumière que par quantités moindres.

Or, en Suède, les jours pendant l'hiver sont
beaucoup plus courts que chez nous ; mais en été,
ils sont beaucoup plus longs. On peut même dire
que pendant un mois il n'y a point de nuit.

A dix heures du soir, dans les grands jours, le
soleil est encore au-dessus de l'horizon ; et le crépuscule d'été, qui chez nous dure quarante ou
cinquante minutes au plus, se prolonge là jusqu'au retour du soleil. D'ailleurs, en France, la
clarté du crépuscule diminue assez rapidement ;
trente ou quarante minutes après le coucher du
soleil, nous ne pouvons plus lire une lettre. En
Suède, au contraire, pendant toute la nuit des
grands jours, on peut, dans l'intérieur des maisons, lire, écrire, vaquer à ses affaires, et même
donner des bals sans lumière.

Il est difficile de dire combien est belle et charmante la lueur de ce crépuscule, accompagné,
pendant toute la nuit, d'un coucher de soleil à
l'ouest-nord-ouest, et d'une aurore à l'est-nord-

est. Depuis dix heures jusqu'à minuit, c'est le coucher du soleil avec ses nuages bruns et ses feux pourpres qui domine ; après minuit, c'est l'aurore aux nuages d'or et aux teintes roses, et il est impossible d'exprimer la beauté de ce spectacle nocturne.

Revenant à la végétation, nous rappellerons que la lumière diffuse, la lumière indirecte du soleil, suffit parfaitement à l'entretenir. Vous savez qu'il y a même des plantes qui n'en aiment point d'autre ; tous les végétaux qui ne croissent qu'à l'ombre n'ont que la lumière indirecte ou diffuse.

On comprend donc que, pendant ces nuits éclairées de la Suède, la végétation se poursuit dans les champs sans interruption ; d'autant mieux qu'avec la lumière, les plantes ont, pendant la nuit, la chaleur accumulée chaque jour à la surface du sol par vingt heures de rayonnement direct.

En résumé, la plante que nous prenions pour exemple, et que nous supposions avoir besoin de 1,500 unités de chaleur et de 1,200 heures de lumière, recevra le total qui lui est nécessaire en beaucoup moins de temps, l'été, dans les champs de la Suède que dans les nôtres.

Cette différence entraîne naturellement de très-grandes différences dans les cultures et dans leurs résultats.

Je vous ai parlé de l'orge et de l'avoine. Je ne

dois pas négliger de vous dire qu'en Suède, on les sème très-souvent ensemble. Les conditions atmosphériques qui conviennent à l'orge étant assez différentes de celles qui conviennent à l'avoine, les cultivateurs se considèrent comme plus assurés ainsi d'obtenir un rendement passable.

On pourra être tenté de comparer cette méthode à celle des chasseurs qui chargent leur fusil avec un mélange de gros plomb et de petit plomb, afin, disent-ils, d'être en mesure de tuer le petit gibier s'ils n'en trouvent pas de gros, et réciproquement.

Toutefois, cette comparaison serait injuste. Les cultivateurs suédois sont en général des hommes appartenant aux classes les plus instruites du pays; par suite même de leur organisation militaire et de l'ensemble des choses, un grand nombre d'officiers sont en même temps agriculteurs et ont souvent pour ouvriers leurs propres soldats.

Il faut tenir grand compte de leurs méthodes. N'avons-nous pas dans presque tous nos départements des champs entiers de méteil que l'on retrouve d'ailleurs aussi en Suède ?

Beaucoup d'agronomes distingués blâment cette pratique; mais il est permis de croire qu'ils se trompent, comme on le verra tout à l'heure.

Les Suédois sèment aussi très-souvent, avec l'avoine, les pois qui doivent être récoltés en sec pour la provision d'hiver. L'avoine sert de tuteurs aux pois, et à son tour lorsque l'avoine est grainée,

elle est préservée des versages par les tiges élas-
tiques et enchevêtrées des pois. Lors du battage,
on sépare tous ces grains. Nous verrons qu'ils font
encore d'autres cultures mélangées ; mais nous
ne devons pas poursuivre sans examiner s'il n'y a
point quelque raison scientifique de cet emploi
si fréquent des cultures binaires.

Il est certain que la succession des cultures diverses est une nécessité pour obtenir un fort rendement.

Cette nécessité résulte de ce que chaque plante
emprunte au sol des substances assez différentes ;
de sorte qu'après une céréale, par exemple, qui
aura emprunté au sol beaucoup de silicates et de
phosphates, on devra cultiver une plante qui lui
empruntera d'autres substances. Mais si deux plantes non semblables, quoique d'espèces voisines, peuvent parcourir ensemble les phases de leur végétation, chacune d'elles empruntant à la terre des
substances quelque peu différentes, et demandant
des conditions atmosphériques un peu différentes
comme dans le cas de l'avoine avec l'orge, ou
même dans le cas du seigle avec le blé, on pourra,
sur la totalité des cultures, obtenir un produit un
peu plus fort.

Et s'il s'agit de plantes extrèmement dissem-
blables, comme l'avoine avec les pois, alors, sans
aucun doute, on pourra obtenir un produit plus fort.

C'est aussi ce que les cultivateurs suédois prétendent résulter de leur expérience. Il disent que le produit évaluable en argent de ces cultures binaires sur un hectare, par exemple, est supérieur au produit total des deux plantes cultivées séparément sur chacune des moitiés de ce même hectare.

Lorsque nous avons parlé de l'énorme quantité de neige et de pluie qui doit s'écouler sur le sol de la Suède pour que la chaleur solaire y produise ses bienfaits, vous avez dû vous dire que c'était le cas d'appliquer beaucoup le drainage.

A mon premier coup-d'œil sur les champs suédois, en voyant les fossés profonds qui les sillonnent, il me paraissait même que le plus difficile de l'opération était fait ; mais les propriétaires m'ont détrompé. La gelée descendant fort souvent à plus d'un mètre de profondeur, les drains les plus rapprochés de la surface du sol doivent être placés à une profondeur d'au moins un mètre cinquante centimètres, ce qui donne deux mètres et plus pour profondeur des drains collecteurs, d'où résultent des dépenses excessives.

Les neiges épaisses qui, en France, empêchent la pénétration des grandes gelées dans le sol, n'ont point cet effet en Suède, par la raison qu'au moment où la neige commence à tomber, le froid est déjà rigoureux — douze, quinze degrés et plus, — de sorte que la gelée a déjà pénétré fort avant dans la terre.

Il y a encore une autre différence avec notre

pays. Chez nous, la neige n'est pas très-froide; sa chute est presque toujours accompagnée d'une diminution de la gelée, tandis qu'en Suède, la neige tombant à travers une atmosphère à vingt ou trente degrés sous zéro, ajoute au refroidissement de la terre, loin de l'en préserver.

Mais, dans ce climat, le froid excessif est le plus précieux auxiliaire du cultivateur. Sans lui, on ne pourrait presque rien récolter; car, dans ces hivers de huit mois, toutes les plantes seraient pourries sans la gelée qui les rend insensibles et inattaquables à l'humidité.

Nous avons parlé des semailles des céréales de printemps, qui sont l'orge et l'avoine : quant aux céréales d'automne, elles se font beaucoup plus tôt que chez nous. Les seigles sont semés du vingt-cinq août au premier septembre; le froment se sème avant le dix septembre; on ne cultive pas l'orge d'hiver.

Au reste, Messieurs, tout ce que nous vous disons ici ne s'applique qu'à l'Ostrogothland; car, en Suède, une dixaine de myriamètres entraîne de grandes différences.

Les cultivateurs suédois ont beaucoup de bestiaux; d'abord parce que, n'ayant que cent vingt jours ouvrables par an, ils doivent se pourvoir d'une grande force, afin d'accomplir leurs opérations le plus vite possible; ensuite parce que le fromage est pour eux un aliment de conservation facile pour la consommation de leurs maisons, et un objet de vente lucratif.

C'est pourquoi ils ne cherchent pas, comme les anglais, les animaux brillant par le poids net de la viande; ils s'attachent exclusivement aux races les plus lactifères. Chez M. Swartz, le lait de chaque vache, transformé en fromage, donne un produit brut de 280 à 350 francs par an.

Ces fromages sont délicieux; les Anglais les achètent et les revendent chez eux ou à l'étranger comme fromages de Chester; mais on apporte des soins minutieux à leur fabrication.

En hiver, le lait est maintenu à une certaine température, au moyen de thermosiphons et de poëles; en été, il y est ramené au moyen de la glace, que les cultivateurs suédois accumulent pour cet usage.

A la campagne, ils n'ont point de glacières comme nous. La glace est sciée en grosses masses régulières, de cinquante à soixante centimètres en tous sens; on établit ces masses les unes sur les autres, comme une construction en pierres de taille, et le tout est recouvert d'une grande quantité de sciure de bois,

Les nombreuses scieries du pays leur fournissent cette sciure en abondance; ils en forment des amas de trois et quatre cents mètres cubes, et la glace s'y conserve parfaitement.

L'élève du bétail a fait beaucoup de progrès,

dans ces derniers temps, en Suède. En voici un témoignage ; en 1856, après plusieurs années de soins, M. Swartz commença à vendre, comme insuffisantes, les vaches qui ne donnaient pas 900 litres de lait par an, c'est-à-dire environ deux litres et demi par jour. Aujourd'hui, ses progrès sont tels qu'il se défait des vaches qui ne donnent pas 2,080 litres de lait par an, c'est-à-dire plus de cinq litres et demi de lait par jour, en moyenne.

Ces chiffres vous paraîtront faibles, mais tenez compte de leur situation.

M. Swartz faisait autrefois couvrir ses vaches à vingt-et-un mois environ ; aujourd'hui, il les fait couvrir à dix-huit mois lorsqu'elles ont été bien nourries, ce qui ne dépend pas toujours du cultivateur, mais bien de la quantité des fourrages dont on dispose et de la durée des hivers.

Dès que le temps le permet, c'est-à-dire de la fin de mai au commencement de juin, les bestiaux sont nourris aux champs ; mais les nuits étant encore froides, ils sont rentrés chaque soir.

Du premier juillet au premier septembre, les bestiaux restent constamment à l'air, dans les champs ou dans les bois qui sont enclos partout avec des pieux et des planches.

Depuis octobre jusqu'en mai, pendant sept à huit mois, selon les années, le bétail doit être entièrement nourri à l'étable dont il ne sort plus.

Les cultivateurs sont donc obligés de se procurer d'immenses quantités de fourrages pour ce long hivernage; et ce caractère propre de leur agriculture est attesté par les vastes et nombreuses granges attenantes aux exploitations. Les pommes de terre, les betteraves, les turneps, les carottes, les pailles hachées ne suffisent point; ils récoltent le plus de foin qu'ils peuvent, et ils font de grandes prairies artificielles.

Ils cultivent beaucoup la lupuline et d'autres variétés de trèfle. Mais la culture la plus utile pour eux est le *trèfle de Suède*, ou *trèfle hybride*, ou *trèfle d'Alsike*, ainsi nommé d'un village de l'Upland, province du nord, où on l'a découvert il y a une vingtaine d'années croissant naturellement sur des démolitions.

Ce trèfle, qui fournit plusieurs coupes et qui aime les terrains humides, très-nombreux en Suède, dure jusqu'à sept ans; toutefois, sa durée de plein rapport n'est que de quatre ans.

On cultive aussi beaucoup une autre plante, fort estimée aux États-Unis d'Amérique, et qui s'arrange assez de la sécheresse; c'est le timothée ou *fleum pratense*.

On sème souvent cette plante avec le trèfle d'Alsike : si l'un manque par sécheresse, l'autre du moins réussit, et réciproquement.

On cultive en grande quantité les vesces, pour conserver comme fourrage d'hiver.

A cet effet, il existe chez M. Swartz deux sé-

choirs, qui sont construits de la manière sui-
vante :

De grandes échelles à trois montants en fort bois
supportent un toit en planches, et près du toit se
trouve une échelle horizontale de la même forme.
Les échelles verticales ont sept ou huit mètres de
hauteur et trois mètres de large. Les échelons, sur
lesquels on dispose les bottes de fourrages, sont
placés à un mètre de distance. Ces séchoirs sont
bâtis de chaque côté et tout près d'un chemin
d'exploitation, ce qui permet aux ouvriers placés
sur le charriot entre les deux séchoirs de faire très-
facilement tout le service.

L'utilité de ces séchoirs est très-grande pour
amener les vesces, promptement et avec peu de
travail, à un état de dessiccation convenable. Mais
une telle construction n'est avantageuse que dans
un pays comme la Suède, où le bois coûte très-
peu de chose et où presque tous les propriétaires
en recueillent autant qu'il leur est nécessaire.

Contraints d'accomplir en quatre mois les opérations que nous mettons un an à faire, les suédois
s'appliquent en été, à éviter surtout la perte du
temps des ouvriers. Par exemple, au moment de la
moisson, ils aiguisent leur faux avec des meules, et
comme ce serait trop long d'avoir une seule meule
pour tous les ouvriers, ils en ont un grand nombre que les femmes viennent tourner pendant que
chaque ouvrier affile son outil.

Leur faux est très-différente de la nôtre. C'est la même que l'on retrouve partout dans le nord de l'Allemagne et en Danemark. Elle est épaisse et elle a toute la forme d'un sabre recourbé. Mais au lieu que le tranchant d'un sabre est sur la courbe extérieure, le tranchant de cette faux est, comme dans la nôtre, sur la courbe intérieure.

Ils ne se servent pas de cette faux en rasant la terre comme nous faisons. Ils font le mouvement d'un homme qui donne un coup de sabre. Aussi la coupe n'est-elle pas aussi régulière que chez nous. Cet instrument un peu barbare est certainement inférieur au nôtre.

Après que les ondins sont mis en gerbes, ils employent un grand rateau d'environ trois mètres de largeur, attelé d'un cheval et muni de deux mancherons comme une charrue, pour ramasser promptement les pailles et les épis qui restent.

J'ai dit que les champs sont clos ; et comme les chemins de simple communication, ce que nous appellerions des chemins vicinaux, traversent souvent des champs appartenant à un même proprié- taire, la clôture est complétée par une barrière aux deux extrémités de la partie du chemin qui traverse ce champ.

Ces clôtures sont nécessaires dans un pays où pendant plusieurs mois le bétail est mis au pâtu- rage jour et nuit sans gardiens, mais les barrières forment, comme en Angleterre et aux Etats-Unis d'Amérique, un obstacle ou du moins un ennui continuel pour les voitures et les cavaliers, puisque l'on est obligé de mettre à chaque instant pied-à-terre pour les ouvrir. D'ailleurs, elles ne peuvent être tenues fermées que du 1er mai au 1er novembre, époque du pâturage; pendant les autres mois, la loi oblige de les tenir ouvertes sous des pénalités réglées.

Quant aux grandes routes, on n'y trouve point de barrières.

Comme exemple d'une culture suèdoise très-perfectionnée, nous ne saurions mieux choisir que l'assolement actuel de M. Swartz.

Sur la vieille prairie artificielle composée de trèfle et de timothée semés ensemble, il fait en automne un labour à deux charrues, c'est-à-dire un labour dans lequel deux charrues se suivent immédiatement dans le même sillon; la première ouvre le sillon et retourne 10 à 12 centimètres de terre; la seconde retourne encore 15 à 18 centimètres de terre, ce qui fait en tout les 25 à 30 centimètres de profondeur voulue.

Sur ce terrain préparé ainsi à l'automne on sème au printemps, après un hersage profond, de l'avoine et de la vesce mêlées ensemble; cette récolte est faite en sec pour divers usages tels que la nourriture des chevaux.

La deuxième année est consacrée à une jachère; on donne d'abord deux labours, l'un en avril l'autre fin mai. Au commencement de juillet on fume et l'on donne encore un labour. Aussitôt après on sème de la moutarde blanche que l'on coupe en vert et qui procure du fourrage aux vaches pendant tout le mois d'octobre.

La troisième année on donne un labour de printemps dès que la chose est possible, et l'on sème de l'avoine blanche ; après la récolte en automne on laboure.

Pour la quatrième année, en hiver, le fumier est étendu sur la neige. Un labour est fait immédiatement après la fonte des neiges, et il est suivi d'un hersage profond ou de plusieurs si cela est possible. L'orge est semée très-tard sur le champ ainsi préparé, et dans cet orge on sème le trèfle et le timothée mêlés ensemble.

Cette prairie artificielle dure pendant les cinquième, sixième, septième et huitième années. Elle est à peu près également abondante pendant les trois premières années et elle diminue un peu à la quatrième. Passé ce temps elle diminuerait beaucoup.

Cet assolement est appliqué par M. Swartz sur 300 hectares. Mais en outre, 40 hectares sont consacrés par moitié en dehors de son assolement, aux betteraves, turneps, carottes, etc., et à l'orge pour l'autre moitié, alternativement. Le fumier pour cette culture est étendu sur la neige dans l'hiver qui suit la récolte de l'orge.

M. Swartz a, de plus, cent hectares en vieilles prairies artificielles. C'est en partie à cette culture que sont consacrées ses terres basses, celles qui ne peuvent être drainées.

Au reste, M. Swartz se propose d'introduire, dans son assolement, une année de pois coupés en vert, ce qui le conduirait donc à une rotation de neuf ans.

Il ne cultive ni seigle ni froment que pour sa maison, et par exception : parce que dans ce pays on ne peut rien semer avant le seigle ou le froment, de sorte qu'il faut une année de jachère nette pour eux ; tandis qu'au lieu de seigle, en semant de la moutarde blanche et ensuite de l'avoine, on obtient, dans le même temps qu'il faudrait consacrer au seigle, deux récoltes qui, ensemble, valent beaucoup plus que la récolte de seigle ; et en outre, par ce moyen, l'on divise et l'on répartit mieux l'emploi du travail et les chances atmosphériques.

L'intérêt qui s'attache à cette culture de moutarde blanche s'explique facilement par la nécessité où sont les cultivateurs suédois d'accumuler des fourrages secs pour deux cent quarante jours d'hivernage. Car, avec l'économie de fourrages secs procurée par la moutarde blanche, on peut avoir un huitième de vaches de plus que dans le cas où l'on cultiverait le seigle et le froment au lieu de la moutarde blanche et l'avoine.

Le grand objet d'une répartition plus égale du

travail, conduit encore M. Swartz à faire répandre ses fumiers sur la neige. En effet, il utilise ainsi ses bêtes, ses chariots et ses gens à l'époque d'hiver où il ne peut en rien faire autrement.

En Suède, toutes les voitures sont construites de manière à pouvoir être détachées des roues pour être montées sur traîneau, et c'est ainsi que les fumiers sont transportés sans difficulté sur la neige, devenue alors très-dure ; et si le transport et l'étendage des fumiers représentent quinze ou vingt jours de travail des ouvriers, c'est autant de gagné pour la saison du printemps.

M. Dickson, et plusieurs autres cultivateurs très-distingués, désapprouvent entièrement cette méthode qui, disent-ils, fait perdre une partie de la valeur des fumiers.

M. Swartz répond qu'il s'agirait, en tous cas, de savoir si la perte atteint l'énorme valeur des journées de travail qu'il gagne, car on ne doit pas oublier que quinze à vingt jours de travail de la saison agricole en Suède, représentent bien quarante de nos jours de travail.

Mais M. Swartz soutient qu'il perd moins de la valeur des fumiers que ne perdent ceux qui les transportent et les étendent au printemps. Il dit que ce n'est pas en hiver que le fumier gelé peut rien perdre ; qu'au printemps l'expérience montre que ce fumier reste gelé, encore un peu après que la terre est dégelée ; tandis que le fumier accumulé

dans les cours entre de bonne heure en pleine er-
mentation ; et que, le fumier des cours étant étendu,
on sent sur le champ qu'il couvre une forte odeur
ammoniacale, tandis que le fumier étendu sur la
neige n'exhale aucune odeur, même quelques jours
après que la neige est fondue.

D'ailleurs, le fumier étendu sur la neige est ainsi
tout prêt pour le labourage dès que cette opération
est possible ; tandis que le fumier roulé après la
fonte des neiges manque souvent d'être étendu le
jour où le labourage est possible ; et, alors, chaque
jour de retard entraîne une perte sur la valeur des
fumiers et une perte sur les chances de la récolte.

Or, on sait combien un retard d'un jour en agriculture peut entraîner de retards successifs, et
rendre inévitables d'immenses pertes pour les cultivateurs. Car c'est en agriculture, surtout, qu'est
vraie cette maxime : *ne remets pas à demain ce
que tu peux faire aujourd'hui.*

Il ne faudrait pas croire que tous les agriculteurs
suédois sont si habiles. Certainement, dans un
pays où les hivers donnent de longs loisirs, de
sorte que tous les enfants savent lire et écrire, et
que tous les hommes peuvent étudier quelques
livres et les méditer, la population doit être
moins routinière que la nôtre ; cependant on y
trouve encore bien des pratiques absurdes. Par
exemple, les paysans de l'Ostrogothland ont la dé-

testable habitude d'écobuer très-souvent leurs terres.

Ces terres, qui leur appartiennent, ne sont généralement pas celles des plaines, sur lesquelles s'étendent les grandes propriétés, mais celles des petits coteaux et des vallons. Or, en ce pays, toutes les montagnes et les collines sont formées principalement de roches feldspathiques, et toute la contrée est, en outre, couverte de rochers erratiques appartenant à ce même ordre des roches feldspathiques.

Formées en grande partie de débris de granit décomposé, ces terres sont très-maigres; c'est pourquoi une pratique qui détruit l'humus, et dessèche un sol déjà trop léger, est ici contraire au bon sens et à l'intérêt des habitants.

J'ai eu, d'ailleurs, une occasion précieuse de connaître les agents de force employés par l'agriculture suédoise. Dans les premiers jours d'août, une grande exposition agricole s'ouvrait à Stockholm, et je me suis empressé de m'y rendre.

Les animaux d'espèce bovine, la plupart d'une grande beauté et au nombre de plusieurs centaines, appartenaient aux plus excellentes races. Les Shorthorn et Ayrshire d'Angleterre, l'Algauer de Bavière, l'Angler de Danemark, la hollandaise, etc., etc.

La race Algauer porte une robe uniforme d'un

gris jaunâtre qui prend sur les cuisses une teinte verdâtre, et qui blanchit sous le ventre de manière à leur donner un aspect caractéristique.

Ces bêtes, de taille moyenne, sont très-estimées et donnent un lait excellent.

La race hollandaise, comme toujours, immense, noire et blanche, était représentée par de magnifiques individus.

La race d'Ayrshire offrait aussi de nombreux représentants. Elle a été introduite en Suède surtout par les soins de l'État, qui mettait les taureaux d'Ayrshire à la disposition des cultivateurs ; mais on commence à l'abandonner, parce qu'on a reconnu qu'elle a la poitrine un peu faible, — non pas qu'en Suède on ait eu à souffrir de la maladie qui a si violemment frappé les étables de Hollande et d'Angleterre. Ils nous ont imités, c'est-à-dire qu'aussitôt que des animaux ont été atteints, ils les ont impitoyablement sacrifiés et enterrés, de sorte que leurs pertes, par cette cause, ont été insignifiantes ; mais le climat est trop dur pour les bêtes de cette origine.

La race à laquelle s'attachent de plus en plus les grands cultivateurs est celle de Shorthorn. Elle donne, par le métissage avec les vaches suédoises, des produits plus beaux que ceux qui proviennent de l'Ayrshire.

Un exemple très-décisif se voyait à l'exposition.

Il faut savoir qu'en Suède, dans les bonnes exploitations, on s'attache depuis longtemps à se faire de belles et bonnes races. Sur beaucoup de grandes fermes, ces races sont déjà anciennes et bien caractérisées. C'est ce qu'on appelle en Suédois *Herrgardsras*, ce qui signifie : race de la ferme, race du domaine.

Or, M. Swartz voyant le comte Henning Hamilton, ancien ministre de Suède, esprit des plus distingués et zélé agronome, croiser la race de sa ferme, très-robuste et très-forte, avec un taureau d'Ayrshire, prédit il y a quelques années, au comte Hamilton, que ses produits seraient de plus en plus faibles et ne sauraient égaler ceux que, lui, M. Swartz, obtiendrait de la race de sa ferme et d'un taureau Shorthorn.

La prédiction se réalisa ; les métis obtenus par le comte allèrent s'affaiblissant, et, quoique d'une grande beauté de forme, n'atteignaient plus la taille voulue.

M. Hamilton essaya alors le croisement de la race de sa ferme avec le Shorthorn, et il obtint des produits tout différents.

On voyait à Stockholm sous le nº 463, une génisse, appartenant à M. Hamilton, issue du taureau d'Ayrshire pur et de la race de sa ferme. Cette bête, âgée de 33 mois, était charmante de formes, mais petite et visiblement délicate.

Tout à côté, sous le nº 464, on voyait une autre bête de M. Hamilton, issue du taureau Shorthorn, et d'une mère de même race que la mère du n° 463.

Mais, le n° 464, quoique âgée seulement de vingt-deux mois et demi, était incomparablement plus grande et plus forte que le n° 463.

A la suite venaient trois autres génisses également filles du Shorthorn et des vaches de la ferme du comte. Ces génisses, âgées de dix-neuf mois, dix-huit mois et demi, et dix-huit mois, présentaient avec le n° 464 une remarquable uniformité de taille et de force, et surtout une physionomie générale dénotant beaucoup de santé et de vigueur. De sorte que ces cinq bêtes formaient un enseignement de la plus haute importance pour les cultivateurs suédois.

Comme vous le voyez, Messieurs, cette exposition était riche et brillante. Elle présentait le résultat d'efforts intelligents, scientifiques, obtenus malgré les difficultés du climat ; et vous jugerez de l'estime qu'ont les Suédois pour les animaux de choix, par ce fait que M. Swartz a acheté là un jeune taureau qui n'avait que quatre-vingt-un jours, et qu'il l'a payé trois cents rixdales suédois, c'est-à-dire trois cent quatre-vingt-dix francs. Or, il faut remarquer qu'en Suède l'argent ayant une valeur deux à trois fois plus grande qu'en France, ce prix correspond environ à huit ou neuf cents francs sur nos marchés. Mais ce petit animal provenait de la vache Shorthorn qui avait obtenu le premier prix à cette exposition, et d'un superbe taureau Shorthorn, frère de celui qui avait obtenu le premier prix à cette même exposition.

Je ne vous parlerai pas des nombreux chevaux, sujet bien intéressant qui m'entraînerait au-delà des limites où je dois renfermer cette notice : je vous dirai seulement quelques mots de la manière dont on les traite.

La plupart des chevaux, en Suède, ne reçoivent jamais de grain. Il en est de même des chevaux norwégiens. Mais le foin recueilli en Norwége, surtout dans les montagnes, est d'une finesse excessive et d'une qualité incomparable, à ce que disent les Suédois; — je n'ai pas eu occasion de voir ce foin, — Les cultivateurs de l'Ostrogothland eux-mêmes ne donnent pas de grain à leurs chevaux; rien que du foin et parfois un peu de farine.

En été, les portes des écuries sont généralement ouvertes nuit et jour. Les chevaux de calèche et de selle, rentrés en pleine sueur, y sont simplement bouchonnés avec de la paille pendant quelques instants, et abandonnés sans couverture. On ne leur lave presque jamais les jambes. Là, le cheval se ressuie, mange, et n'est point malade.

Les chevaux de labour, en été, sont mis au pâturage chaque nuit.

En hiver, tous sont rentrés dans des écuries fermées et garnies de paillassons aux portes. Les chevaux ont trois et même quatre épaisses couvertures sur le corps ; et plusieurs camails, les uns par-dessus les autres, leur couvrent la tête et le cou.

Dans aucun pays les chevaux ne sont plus vigoureux, plus infatigables et surtout plus durables qu'en Suède et en Norwége, mais ce sont généralement des animaux de petite taille.

Un spéculateur avait amené à l'exposition un troupeau de rennes ; malheureusement, le plus grand était mort pendant le trajet.

Vous savez que ces animaux forment à peu près le seul bétail des habitants de la Laponie. On n'attèle jamais le mâle étalon ni la femelle, le taureau ni la vache, comme ils disent : on n'attèle que le bœuf, c'est-à-dire le renne mâle castré. Cet animal, qui est une sorte de cerf de la taille du nôtre, vient en quinze heures d'Apparenda (ville de la Laponie suédoise) à Stockholm (environ quarante-quatre lieues de France), avec un traîneau et une personne, ce qu'aucun cheval ne pourrait faire.

Ils mangent principalement un lichen gris trèsfin, qui abonde en Suède et en Laponie. Cependant on y ajoute, en été, les brindilles et les feuilles du bouleau.

Ils ont de longs bois très-irréguliers ; le nombre des andouillers, et leur disposition, n'est pas identique de chaque côté.

Ils sont d'une excessive douceur.

Passons aux machines, qui étaient extrêmement nombreuses. Il y avait une douzaine de batteuses différentes; des machines à fabriquer les drains, les briques, les tuiles; des machines à blanchir le linge, à cylindrer.

Une machine formait la tourbe en un cylindre à base ovale, parcouru à l'intérieur par deux vides cylindriques ronds, et portant des rainures profondes aux extrémités du grand diamètre, afin de permettre l'accès de l'air sur une grande surface et d'accélérer la combustion. D'autres machines formaient la tourbe en petites briquettes.

Il y avait aussi des mécanismes à élever l'eau, à épuiser, etc.

Ce mémoire est déjà trop long; nous vous parlerons donc seulement des instruments qui peuvent le plus vous intéresser.

L'année dernière ayant été très-humide en Suède, on s'est appliqué à découvrir des moyens convenables de sécher les grains.

La machine qui nous a paru la plus méritante se compose d'un plan incliné, susceptible d'un rapide mouvement de va et vient, et contenu dans une cage de tôle chauffée par un fourneau établi à la partie la plus basse de l'appareil. Ce fourneau étant allumé, la caisse de tôle s'échauffe ainsi que la plaque mobile qui est mise en mouvement par une manivelle. On verse le grain dans une trémie placée à la partie supérieure du plan incliné. Alors, l'ouvrier met en mouvement la manivelle, et le grain, remué vivement sur la plaque chaude, arrive jusqu'au réceptacle. On le remet de nouveau dans la trémie, et l'on recommence à tourner la manivelle.

Il faut quatre minutes pour très-bien sécher vingt-cinq à trente litres, soit un quart d'heure pour un hectolitre.

Quarante-cinq à cinquante hectolitres peuvent donc être séchés ainsi, par un ou deux ouvriers, dans une journée de douze heures ; mais, en faisant travailler la machine sans interruption, on arriverait à quatre-vingt-dix ou cent hectolitres par jour.

Il y avait un très-grand nombre d'outils plus ou moins puissants, de la famille des herses,

Nous n'en parlerons pas, non plus que des faucheuses et d'une foule d'autres instruments, qui ne différaient pas beaucoup de ceux que vous connaissez.

Nous parlerons des charrues ; notamment de la charrue à vapeur d'Howard, qui fonctionnait dans un champ attenant à l'Exposition, et que nous retrouverons tout à l'heure.

Les charrues en fer de tous les modèles, étaient fort nombreuses. Au prix de 26 fr. était exposée entr'autres une charmante charrue toute en fer forgé, d'un poli magnifique, dont j'avais grande envie de me faire acquéreur, ne fut-ce que pour son élégante solidité, et comme d'un modèle utile à montrer aux agriculteurs et aux constructeurs de notre pays; car si tous les objets possibles se sont trouvés à l'exposition de 1867, il en est un grand nombre, surtout parmi les instruments les plus usuels, dont les progrès ne seront connus et vulgarisés que par les efforts individuels. Cette charrue qui avait attiré mon attention, a été achetée le jour même pour le compte du gouvernement russe. Elle provenait d'une grande fabrique de Gothembourg. La charrue à vapeur ayant été achetée par M. Dickson, l'agronome distingué dont le nom s'est déjà présenté dans ce mémoire, j'eus bientôt l'occasion de la voir fonctionner sérieusement.

Cette charrue, qui est mise en mouvement par une seule machine à vapeur et un grand câble en fil de fer maintenu par des ancres et des poulies, a coûté à Stockholm, avec tous ses engins, moins de seize mille francs. Elle marche très-bien au feu de bois, ce qui est un grand avantage en Suède où ce combustible ne coûte presque rien.

Elle nécessite la substitution du drainage à l'emploi des fossés d'écoulement dont je vous ai parlé; car, pour qu'elle procure tous ses avantages, il faut qu'elle soit appliquée sur un grand espace, c'est-à-dire sur des champs d'au moins quatre hectares.

Or, en tenant compte des hommes de service, du chauffage, des intérêts du prix d'achat, et de l'usure normale de la machine, M. Dickson a reconnu dès l'abord que cette charrue donnait une économie très-considérable sur les frais du labourage ordinaire, même en Suède, où le prix de la journée d'homme et de cheval est si minime.

Mais cette machine procure un avantage dont l'expérience seule pourra faire préciser au juste l'énorme valeur en Suède.

C'est la possibilité de donner à un vaste champ, en deux ou trois jours, une excellente double façon qui réclamerait dix ou quinze jours de travail par les moyens ordinaires, ou plutôt qui serait absolument impossible. Car, dans beaucoup de circonstances, surtout en Suède, l'agriculteur n'a que peu de jours devant lui, et si une façon doit se terminer trop tard elle est impossible.

La charrue à vapeur répond précisément à ces circonstances, et pourra ainsi changer de face l'agriculture, non-seulement en Suède mais sur toute la terre.

Messieurs, vous désirez sans doute savoir si, en définitive, l'agriculture Suédoise est prospère ; c'est-à-dire si ses efforts pour améliorer le bétail, pour assécher les terres, accélérer les travaux et vaincre le climat, se résument en bénéfices considérables.

Nous sommes contraint de vous déclarer que non, bien au contraire; et ce triste côté des choses est plein d'enseignements.

« Autrefois, nous disait naguère un vénérable pasteur de l'Ostrogothie, ce pays était couvert de forêts beaucoup plus vastes et plus vieilles. On y avait un hiver, un printemps, un été, un automne. Mais depuis trente à quarante ans, par suite des grands abattages de bois, le printemps et l'automne ont été presque supprimés. »

« On n'a plus que deux hivers, l'un gris, l'autre glacé, et un été très-chaud. »

« Ces grands abattis de bois sont le malheur de la Suède. Autrefois les forêts étaient la ressource normale, on les laissait vieillir. Outre que ces hautes forêts abritaient les champs intermédiaires contre les vents, elles fournissaient de très-grands arbres au commerce. C'était le moyen pour les propriétaires de se procurer des sommes d'argent. Quant aux champs, on ne leur demandait que la nourriture de la nation et du bétail; les forêts et les vallons livrés à la pâture étant plus étendus et les terres labourées moindres, le bétail était plus nombreux, la quantité des fumiers appliqués à ces terres était plus forte, et la terre maintenait sa fertilité. »

« Les besoins de luxe ont conduit les propriétaires

à abattre ces bois ; et comme les autres contrées de l'Europe ont demandé des avoines à la Suède, à la place des bois qui n'ont pas besoin de culture et fournissent des pâturages d'été précieux en ce pays, on a cultivé des avoines. »

« Cette culture d'avoine est la plus avantageuse en Suède au point de vue pécuniaire immédiat, mais elle épuise la terre ; et aujourd'hui après trente ou quarante années de ces pratiques, l'agriculture est parvenue en Ostrogothland aux conséquences suivantes : »

« Le fermier, même en épuisant ce qui reste de force à la terre, n'arrive pas à payer ses fermages ; la plupart tombent dans la misère. Les seuls qui parviennent à se tirer d'affaire sans perte, sont ceux qui vivent de la manière la plus dure, la plus frugale. »

« Les propriétaires nombreux qui cultivent, éreintent moins leurs terres que les fermiers, mais ils vivent tout juste.... »

Quant à ceux qui cultivent d'une manière perfectionnée, c'est-à-dire qui drainent leurs terres et ne négligent aucune des améliorations reconnues efficaces, comme font MM. Swartz et Dickson, ils sont régulièrement en perte chaque année. M. Swartz était en perte de 15,000 rixdales suédois l'année dernière, c'est-à-dire de 19,000 fr. environ.

Nous ne tirerons aujourd'hui de ce que nous venons de rapporter qu'une conclusion facile à prévoir pour la plupart d'entre vous, et qu'un long examen des choses agricoles depuis vingt ans et sur une grande partie de l'Europe a rendue chaque jour plus saisissante pour moi.

C'est que l'agriculture aujourd'hui se trouve aux prises avec des difficultés qui ne tarderaient pas à devenir des impossibilités, si tous les hommes d'esprit sérieux et de bonne volonté n'y cherchaient des remèdes.

J'en resterai là pour aujourd'hui, Messieurs, mais je compte plus tard vous offrir le résultat de mes recherches sur ce grave sujet.

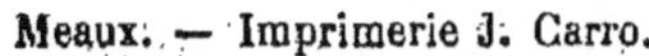

Meaux. — Imprimerie J. Carro.